AF368871

LE

MUSÉUM NATIONAL

DE RIO-DE-JANEIRO

Coulommiers. — Imp. P. BRODARD et GALLOIS

LE
MUSÉUM NATIONAL

DE RIO-DE-JANEIRO

ET

SON INFLUENCE SUR LES SCIENCES NATURELLES

AU BRÉSIL

PAR

LADISLÁU NETTO

DIRECTEUR GÉNÉRAL DU MUSÉUM NATIONAL

MEMBRE DU CONSEIL DE S. M. L'EMPEREUR DU BRÉSIL.

PARIS

LIBRAIRIE CH. DELAGRAVE

15, RUE SOUFFLOT, 15

—

1889

INTRODUCTION

Le travail dont je fais ici la publication n'est que l'amplification de l'aperçu paru tout récemment dans le volume : *le Brésil en 1889*, sous le titre *Sciences*, aperçu par trop restreint et bien souvent rempli de sensibles lacunes. Pour quiconque a trouvé de l'attrait dans cette histoire du développement des sciences naturelles au Brésil, je ne doute pas que l'amplification présentée ici doive être de beaucoup préférable au résumé dont je viens de faire mention. Je n'ai pas voulu cependant, dans cette espèce de compte rendu abrégé d'une campagne dont la durée ne compte pas moins de vingt ans déjà, entrer dans des détails peut-être utiles sous certains rapports, mais à mon avis quelque peu

ennuyeux. La restriction en pareil cas est toujours
louable et j'ai tenu d'autant plus à m'y maintenir
qu'en m'en éloignant j'aurais à parler forcément à
tout instant de mon individualité, au risque de me
rendre prétentieux et de paraître ajouter une importance trop grande à des faits qui ne l'auraient pas
du tout peut-être aux yeux de beaucoup de monde.
Je prie donc le lecteur de ne voir dans cette publication que des souvenirs rappelés par un narrateur
absent depuis plus d'un an de son pays et de son
champ de travail, des faits racontés par lui à des
amis européens, afin de leur donner une idée des
luttes auxquelles il s'est voué sans relâche, quoique
souvent épuisé de courage et abandonné quelquefois de tout espoir. L'un et l'autre lui sont revenus
à la fin et sa persévérance a pris toujours le dessus.

LADISLÁU NETTO.

Pavillon de l'Amazone, au Champ de Mars, 22 septembre 1889.

LE
MUSÉUM NATIONAL

DE RIO-DE-JANEIRO

ET SON INFLUENCE SUR LES SCIENCES NATURELLES

AU BRÉSIL

CHAPITRE PREMIER

Le Muséum National à son origine. — Collections et objets curieux
dont il s'est constitué. — Protection que lui donna le roi Jean VI.
— Ses premiers directeurs : Costa Azevedo et Alves Serrão. —
Organisation de 1842 rédigée par Alves Serrão. — Manque de
moyens budgétaires. — Découragement et démission de Alves
Serrão. — Le général Burlamaqui, nouveau directeur. — Premières Expositions universelles. — Expositions préparatoires à
Rio-de-Janeiro. — Ce qu'elles rapportèrent aux collections du
Muséum National. — Le général Burlamaqui, mort en 1866, est
remplacé par l'éminent botaniste brésilien Freire Allemão. —
L'auteur nommé en Europe directeur de la section de botanique
du Muséum. — Son retour au Brésil. — Son premier livre sur
le Muséum National. — Ses premières recherches archéologiques. — Développement du Muséum. — Le Gouvernement lui
accorde l'augmentation de son budget. — Les premiers naturalistes voyageurs du Muséum.

Le *Muséum National* de Rio-de-Janeiro, devenu
aujourd'hui un centre scientifique connu de tous
les corps scientifiques du nouveau et de l'ancien

monde, fut fondé par le roi Jean VI, de Portugal,
vers la fin de son séjour au Brésil. Ce n'était au
commencement qu'une collection minéralogique, très
riche, d'ailleurs, composée en grande partie des collections achetées aux héritiers du célèbre professeur
Werner. On y trouvait aussi plusieurs animaux
empaillés ayant appartenu à un ancien cabinet fondé
à Rio-de-Janeiro aux temps coloniaux et bien connu,
lors de l'arrivée de la famille royale au Brésil, sous
le nom de *Casa dos Passaros* (Maison des Oiseaux).
A côté de ces objets d'histoire naturelle proprement
dite, il y avait un très grand nombre de curiosités, beaucoup d'antiquités de toute espèce et en tout genre,
des tableaux de marqueterie et en mosaïque, des
peintures sur ivoire et sur métal, des bas-reliefs allé-
goriques, des modèles de machines, de bâtiments,
d'anciens vaisseaux et d'ateliers représentant tous
les métiers connus en Europe au siècle dernier. Le
roi, d'ailleurs, montrait un grand intérêt pour le nouveau musée qu'il venait de créer : ce furent ses propres objets d'art et la plupart des curiosités qu'il
avait dans ses appartements mêmes qui formèrent
le fond de cette collection. La minéralogie et la
botanique étaient alors à peu près les seules sciences
naturelles cultivées au Brésil. La botanique ne se

trouvant pas représentée dans cette esquisse de Musée
dont la base principale était la minéralogie, on dut
appeler un minéralogiste pour en prendre la direction. Ce minéralogiste fut le père José da Costa Azevedo, professeur de cette même spécialité à l'Académie militaire de la capitale, établissement qui,
après avoir subi plusieurs réformes, est devenu l'École
polytechnique actuelle. Costa Azevedo, soit qu'il n'eût
pas les moyens suffisants pour agrandir et développer l'établissement confié à sa direction, soit que
son caractère quelque peu monastique l'éloignât de
l'activité et des démarches indispensables au progrès
du nouveau Musée, ne prit aucune part au mouvement que l'on remarquait dans l'empire qui venait
d'éclore sous le ciel américain. Isolé et presque soli-
taire au milieu de ses minéraux dont il s'occupait
seul en les disposant en ordre dans des vitrines, il
ne sortait que pour faire son cours à l'Académie.
Il demeurait même étranger au vif intérêt qu'éveil-
laient, à cette époque, les nombreuses explorations
faites au Brésil, dont les magnifiques résultats fai-
saient l'admiration de toute l'Europe, et dont nous
pouvons, de nos jours, constater les nombreuses acquisitions par les richesses accumulées dans ses musées.
Le nom, du reste, sous lequel les voyageurs connais-

saient alors et ont mentionné le Musée brésilien était celui de *Cabinet de Minéralogie*. Comme il n'y avait réellement que des minéraux étrangers, sauf quelques échantillons de minéraux ou d'animaux du Brésil, ils ne se donnaient pas la peine d'aller le visiter.

Après la mort de Costa Azevedo, le gouvernement le remplaça par Custodès Alves Serrão, professeur aussi de minéralogie à l'Académie militaire, et religieux également. On était alors sous la régence du second empire et le nouveau directeur du Musée, plus capable, plus instruit et plus énergique que son prédécesseur, était à même de rendre de grands services aux industries métallurgiques dont tout le pays, à cette époque, cherchait à s'occuper. Il connaissait bien, en effet, sa spécialité, et il a même découvert quelques métaux bien avant qu'ils fussent décrits en Europe. Mais la raideur de son caractère, son amour-propre froissé à chaque instant, ne pouvaient pas le rendre bien maître d'une position difficile, telle que la direction de ce Musée, pour les progrès et les crédits duquel il fallait tout faire par soi-même, tout espérer du public, tout demander et solliciter avec acharnement du gouvernement. Malgré tous les tracas qu'il se créait à lui-même, le directeur Alves Serrão ne

s'est pas croisé les bras : le règlement dont il a doté
le Muséum en 1842, montre clairement combien il en
avait étudié les nécessités et la vraie nature. Par ce
règlement, le Muséum National et Impérial de Rio-
de-Janeiro (c'était son nouveau titre) se divisait en
quatre sections, avec des laboratoires, des naturalistes
voyageurs. Il s'y trouvait bien d'autres mesures excel-
lentes, mais qui n'ont jamais été appliquées, faute de
moyens indispensables à leur exécution. Quelques
années après la publication de son règlement, Alves
Serrão donna sa démission et celui qui n'avait pas
voulu prendre complètement l'habit de moine, adopta
bientôt la vie d'anachorète, en fuyant la ville pour
s'abriter dans une pittoresque et charmante chaumière
à deux lieues de Botafogo, entre les dunes battues des
vagues de l'Océan et les âpres et sauvages rochers de
la *Gavia*. C'est là que je suis allé le voir en 1872. Il
était alors âgé de soixante-onze ans environ; il avait
encore une certaine vigueur physique, mais il était
atteint de cécité complète. Alves Serrão est mort quelque temps après ma visite, dans son abri rustique.
L'austère minéralogiste avait été remplacé par le con-
seiller Burlamaqui, ancien officier du génie, minéralogiste aussi et, comme ses deux prédécesseurs au
Muséum, également professeur de la même matière à

l'ancienne Académie, transformée de son temps en École militaire. Ce fut, du reste, l'un des derniers professeurs militaires de cette Académie. Le même défaut de ressources budgétaires qui avait arrêté l'essor du Muséum a paralysé la bonne volonté de Burlamaqui. Cependant les expositions internationales avaient paru; le directeur du Muséum, par son instruction non moins que par son activité, se trouvait à la tête des expositions préparatoires organisées à Rio-de-Janeiro vers cette époque, et il n'a pas laissé de contribuer très puissamment à l'augmentation des collections du Muséum en leur adjoignant le surplus de ces expositions. C'était peu, mais c'était quelque chose si l'on songe à la pauvreté de cet établissement. Jusque-là, le Muséum brésilien avait vu deux fois seulement, entrer dans ses galeries des collections du plus haut intérêt et capables d'attirer par leur valeur l'attention des plus riches musées européens. Je veux parler des collections égyptiennes que l'empereur Pedro Ier avait fait acheter à l'Italien Fiengo, qui se trouvait à Rio, les rapportant de la Plata où elles avaient été demandées par un gouvernement dont les successeurs ne voulurent point payer ces antiquités [1].

1. Ces collections se composent de quelques momies dans leurs sarcophages, d'un petit nombre d'animaux momifiés, de nom-

La seconde acquisition consistait dans le riche cadeau
fait par le roi Ferdinand de Naples à l'empereur don
Pedro II, son gendre, cadeau composé de nombreux
vases étrusques et en bronze de Pompéi, que Sa
Majesté a donnés au Muséum.

A Burlamaqui, mort en 1866, succéda l'éminent
botaniste Freire Allemão. Mais son âge avancé et son
état de santé (il a été, trois ans après, atteint d'une
hémiplégie) ne lui permirent même pas de quitter
son habitation de Mendanha, à sept lieues de Rio, pour
prendre possession de son poste. Je me trouvais alors
de retour d'Europe au Brésil, et j'avais à ma charge
la direction de la section de botanique du Muséum.
Mais j'étais aussi découragé que peut l'être quelqu'un
qui sent le désir de se maintenir au courant du mouvement scientifique européen et qui se voit dans l'impossibilité de faire un pas pour satisfaire sa juste ambi-
tion. J'étudiais cependant ma nouvelle situation et je
tâchais de m'en rendre bien compte. Cela m'était d'autant plus difficile que je n'avais pas même un confrère
au Muséum dont l'avis pût me guider. Un beau jour,
mon parti fut pris : je résolus d'écrire un livre où toute

breuses figurines et objets ayant rapport au culte des morts chez
les Égyptiens, et d'une assez grande quantité de stèles dont les
photographies ont été communiquées à M. Maspero par S. M. l'empereur du Brésil, il y a quelques années.

l'histoire de cet établissement, qui avait déjà une existence de plus d'un demi-siècle, serait exposée aux yeux du pays, et où je montrerais en même temps au gouvernement ce que, en peu de temps et sans grands frais, on pourrait en obtenir. Ce livre a paru en 1870. Il avait pour titre : *Investigações Historicas e Scientificas sobre o Museu Nacional do Rio-de-Janeiro.* C'était un exposé de l'état de cet établissement en même temps qu'un ouvrage de propagande en sa faveur. Malheureusement, faute de temps et de loisirs, de graves incorrections s'y sont glissées, incorrections que la nature même du livre n'a pas permis de rectifier plus tard.

D'ailleurs, mon but fut atteint. L'attention publique se fixa bientôt sur le vieil édifice quelque peu oublié au coin de cette immense place de l'Acclamation, non moins abandonnée alors que lui, mais que l'action énergique et éclairée de M. João-Alfredo, ministre de l'Empire, et le talent de M. Glaziou ont rendue le plus beau square connu.

Quelques objets curieux d'histoire naturelle commencèrent à être envoyés au Muséum et les dons devinrent de plus en plus fréquents. Pour ma part, voulant en attirer davantage, je rédigeais de petits aperçus que j'envoyais à la presse de la capitale, en y donnant la

notice de l'objet reçu et tâchant d'éveiller l'attention
publique sur l'intérêt qu'il y avait à faire de nouvelles
acquisitions de même nature. Le gouvernement lui-
même voulut enfin prendre connaissance de l'état du
Muséum et de ses besoins les plus pressants. Afin de
pouvoir m'occuper d'une manière plus directe et surtout plus officielle de la direction de cet établissement,
je fus nommé vice-directeur et chargé par intérim de
la direction générale, car le directeur effectif vivait
encore. Ce fut à cette époque que je crus nécessaire
d'étendre mes études archéologiques au nord du Brésil
et particulièrement à la vallée de l'Amazone, études
sur lesquelles j'avais lu à la Société « Vellosiana »,
vers le milieu de l'année 1870, deux mémoires que
les journaux de Rio avaient reproduits et qui, trans-
crits par la presse des provinces, m'avaient valu l'adhé-
sion de plusieurs personnes intéressées aux mêmes
sujets, ainsi que de nombreuses donations de quelques
provinces.

Le budget que les Chambres accordaient au
Muséum et qui, jusqu'à mon arrivée, s'était toujours
maintenu, depuis plus d'un demi-siècle, au chiffre
plus que modeste de 8 *contos de reis* par an, se
trouvait élevé déjà, en 1872, à la somme de 35 con-

tos. Encouragé par cette preuve évidente de la protection du gouvernement, je songeai immédiatement
à faire faire des meubles, à agrandir l'édifice, et surtout à développer le champ de nos acquisitions à
l'aide de naturalistes voyageurs dont le Muséum ne
s'était servi qu'incomplètement et sans aucun résultat,
faute de ressources raisonnables. Des quatre premiers
naturalistes voyageurs que j'ai dû engager à cette
époque un seul est mort : c'est Domingos S. Ferreira
Penna, l'homme qui a le mieux connu le bas Amazone
au point de vue géographique et ethnographique.
Les trois autres sont le zoologiste Fritz Müller et
MM. Schreiner et Schwacke. C'est avec le plus juste
orgueil que le Muséum de Rio-de-Janeiro doit rappeler au monde savant le grand service qu'il a rendu
à la science, en accueillant parmi ses employés Fritz
Müller au temps où, déjà naturalisé Brésilien et attaché
au Brésil par ses enfants et par son amour pour la
nature merveilleusement riche de ce pays, il n'avait
pas les ressources indispensables à son existence.
Contraint de songer à y pourvoir, il ne lui restait pas
assez de temps pour vaquer aux recherches scientifiques. En l'encourageant de son bienveillant appui, le
Muséum a vu avec joie le nombre des travaux du
zélé naturaliste s'accroître chaque jour au grand profit

de la science. C'est en effet grâce aux loisirs que lui laissa notre Muséum que le savant observateur a pu se consacrer à l'étude des animaux par rapport à leur intervention dans la fécondation des fleurs, et à l'étude de la fécondation chez les fleurs elles-mêmes, faisant les plus curieuses remarques que l'on connaisse jusqu'à nos jours sur cet intéressant sujet.

Vers 1874, telle était déjà l'accumulation des objets qui s'ajoutaient chaque jour aux collections existantes, que, malgré les nombreuses vitrines acquises, la place leur manquait absolument. Enfin une partie des bâtiments fut, à ma demande, destinée à l'agrandissement du Muséum.

CHAPITRE II

Le vénérable Freire Allemão étant mort au commencement de 1874, je fus appelé à le remplacer
comme directeur du Muséum. Ses manuscrits, très
nombreux mais inachevés, ont été en grande partie
remis par sa famille à la Bibliothèque nationale. Il
me les avait montrés deux ans auparavant dans l'intention d'y mettre la dernière main. L'état de santé

de cet excellent vieillard aussi savant que modeste ne lui a pas permis de réaliser ce projet.

On était au mois de juin 1874, lorsqu'arrivèrent quelques professeurs français que le gouvernement impérial avait fait venir pour l'École polytechnique dont on projetait la réforme complète, réforme qui ne put être exécutée que l'année suivante. Parmi les nouveaux professeurs, se trouvait M. Gorceix, destiné soit au cours des mines à l'École polytechnique, soit à la direction d'une école des mines dans la province de Minas-Geraes. Or ce professeur était arrivé avant qu'on eût pris à son sujet une décision quelconque, et le ministre, M. João Alfredo, se trouvait assez embarrassé pour donner à M. Gorceix une mission provisoire. J'étais sur le point de partir pour la province de Rio-Grande du Sud, afin d'inspecter les travaux de la compagnie des mines de Caçapava, dont j'étais le président. C'est une région très remarquable au point de vue minéralogique que celle où se trouvent les gisements d'or, de cuivre et de galène argentifère dont cette compagnie voulait faire et a même commencé l'exploitation [1]. Le ministre me proposa M. Gorceix comme

---

1. Les richesses métallifères du district de Caçapava ne peuvent être mises en doute. Mais leur exploitation exige qu'on fasse d'abord l'étude la plus approfondie des caractères géologiques de

compagnon de voyage. J'acceptai avec plaisir. Quelques jours après, nous partions pour le centre de la province de Rio-Grande du Sud, où ce professeur séjourna environ six mois. La compagnie minière lui procura toutes les commodités possibles pour ses travaux. Il reçut l'hospitalité la plus cordiale de la famille Silva Tavares, à laquelle je l'ai recommandé et dont l'influence et l'amabilité sont proverbiales dans cette région. Je ne rappelle pas ce fait par un sentiment de vanité personnelle, mais pour donner une idée des services rendus par le Muséum de Rio-de-Janeiro à plusieurs naturalistes et voyageurs, accueillis dans son sein et aidés de tout son appui, à une époque où cet établissement commençait à sortir à peine de son existence embryonnaire.

Du reste, je ne me suis pas borné à cette seule marque de politesse envers M. Gorceix, dont nous reconnaissons tous la compétence. A son retour à Rio-de-Janeiro, j'ai tenu à le faire connaître

cette région. Les filons d'or et de cuivre y sont fort nombreux, mais ils disparaissent à une certaine profondeur de la surface du sol. Évidemment une interruption ou un déplacement a dû avoir lieu à cette profondeur au-dessous de laquelle tout fait croire que ces filons ont leur continuation vers le bas. Il faut donc espérer que des exploiteurs compétents et exercés à ces travaux viendront poursuivre les recherches interrompues et y obtenir des résultats bien différents de ceux qui furent le partage de l'ancienne compagnie.

au public, en lui facilitant les moyens de donner, au Muséum, une conférence à laquelle assistèrent LL. AA. la princesse impériale et son époux, le comte d'Eu et l'élite de la société brésilienne.

J'ai agi de même à l'égard du professeur Charles Hartt, Américain du Nord, avec lequel je venais de faire une excursion dans la province de Minas-Geraes. C'est à ce savant qu'est dû le projet d'une commission géologique créée quelque temps après par le gouvernement, et dont le projet, après m'avoir été soumis par le ministre de l'agriculture, a reçu de ma part le rapport le plus favorable.

Dans mes communications à la presse de la capitale, je tâchai de faire participer le public brésilien, à l'accueil que fit à ces deux savants le Muséum, auquel les rattacha le titre de correspondants et dont ils inaugurèrent la salle des conférences.

C'est à cette époque que le zoologiste allemand D^r von Ihering, professeur à l'Université d'Iéna, et fils du célèbre jurisconsulte du même nom, résigna sa chaire à l'Université pour aller au Brésil. Il s'y présenta recommandé par le mérite de ses propres recherches et sous les auspices de l'illustre professeur Virchow. C'était un excellent collaborateur que le Muséum devait s'adjoindre pour le plus grand profit de ses collections et pour la gloire de la tâche qu'il s'était imposée. Après bien des démarches, je pus faire attacher au Muséum le docteur von Ihering, qui à un grand savoir joint le caractère le plus loyal. C'est de tout cœur que je lui rends publiquement ce témoignage d'estime.

Le ministre de l'agriculture, dans les attributions duquel se trouvait l'administration du Muséum, était, au mois de juillet, M. Thomas José Coelho d'Almeida. Je lui offris de soumettre à son examen un nouveau règlement pour le Muséum, plus en rapport avec les progrès de cet établissement et avec les besoins de la science [1]. Le règlement rédigé sous la responsabilité et l'inspiration de l'honorable ministre diffère beaucoup de celui que j'avais proposé. Il fut approuvé par décret du 6 février 1876. Mon projet était beaucoup plus complexe et embrassait quelques genres de travaux dont il n'est aucunement question dans le règlement accepté; mais il s'agissait de dépenses plus considérables, d'un personnel plus nombreux, questions économiques que le gouvernement ne s'est pas trouvé à même de résoudre pour le moment.

---

1. Pour donner une idée du développement du Muséum à cette époque il me suffit de dire que son budget a atteint le chiffre de 60 *contos de reis* en 1875.

Le Muséum, d'après ce règlement, était divisé en trois sections : 1° anthropologie, zoologie générale et appliquée, anatomie comparée et paléontologie animale; 2° botanique générale et appliquée et paléontologie végétale; 3° sciences physiques, minéralogie, géologie et paléontologie générale.

Le même règlement a créé une quatrième section annexée provisoirement aux trois autres et devant embrasser l'archéologie, l'ethnographie et la numismatique. Cette section spéciale avec l'exclusion, bien entendu, de la numismatique, était alors, comme aujourd'hui, destinée à servir de base à un musée d'archéologie et d'ethnographie américaines. Ce sont des sciences qui, ayant pour but l'étude de la race américaine ainsi que de l'art chez les peuples sauvages primitifs ou modernes du nouveau continent, doivent prendre sans retard le plus grand développement au Brésil : bientôt, en effet, les derniers vestiges qui nous restent de nos tribus indigènes ne seront plus visibles. Déjà un grand nombre de ces anciennes et nobles nations dont les caractères ethniques, les chroniques et les légendes presque millénaires pourraient nous guider dans l'étude de leurs ancêtres, ont tout à fait disparu. Les fièvres, la variole et surtout les affections syphilitiques, ainsi que le manque de nourriture et d'autres causes de destruction, parmi lesquelles il faut compter le dépaysement ou le déplacement de leur ancien milieu d'existence, ont réduit au centième des peuplades encore prospères au siècle dernier. D'autres ont été complètement anéanties et les ruines de leurs habitations disparaissent sous des forêts déjà gigantesques. Dans la préface d'une brochure que j'ai publiée au Brésil, j'ai écrit, à ce sujet, les paroles suivantes :

« Aujourd'hui, quelques centaines de milliers de descendants de ces anciens maîtres du sol américain, nous restent encore pour nous donner une idée, hélas! trop faible, de leurs ancêtres, mais il en meurt un nombre considérable chaque année et la race va bientôt disparaître tout à fait, ou se fondre dans le métissage extraordinaire dont les terres américaines sont l'incommensurable creuset. Déjà, de nombreuses tribus ont cessé d'être et, avec elles, leurs langues, leurs cérémonies barbares, leurs traditions, leurs poésies et plusieurs autres documents qui seraient aujourd'hui pour nous autant de précieuses bases d'études ethnographiques. Il faut donc que nous nous hâtions de sauver le peu qui nous en reste, pour n'être pas condamnés par nos successeurs, de même que nous reprochons maintenant à nos prédécesseurs, leur négligence dans le passé. »

On sait d'ailleurs partout en Europe avec quel dévouement je me suis, depuis bientôt vingt ans, occupé des sujets affectés à la quatrième section du Muséum et quel intérêt s'attache réellement à des études ayant pour objet ces questions.

Mais je reviens à l'aperçu que j'avais commencé à donner du règlement de 1876. Chacune des trois sections devait avoir un directeur et un sous-directeur, outre un préparateur et deux aides techniques; cette dernière fonction a été supprimée dernièrement. Aux directeurs et sous-directeurs incombait non seulement la rédaction d'une revue intitulée : *Archivo do Museu Nacional,* et destinée à la publication de recherches scientifiques sur les matières comprises dans les trois sections du Muséum, mais aussi le travail de l'enseignement par des cours publics le soir. Chacun devait s'occuper du sujet principal de sa section. Les cours furent commencés presque aussitôt après la publication du règlement qui les instituait, c'est-à-dire vers le mois d'avril. L'empressement du public fut assez grand au début, mais diminua considérablement par la suite, parce que, sauf quelques exceptions, il n'était causé que par un sentiment de simple curiosité. Il faut ajouter que le professeur Charles Hartt, que j'avais proposé pour la place de directeur

de la troisième section, fut obligé de s'absenter constamment et de se consacrer spécialement à la commission géologique dont il était le chef, et dont les multiples travaux ne lui permettaient pas de se livrer à
d'autres occupations; il se vit même contraint de
résigner sa place qui n'a pas eu de titulaire pendant
longtemps.

Du reste, pour tout dire, je dus reconnaître avec
mes collègues que notre auditoire variait à chaque
séance. L'Empereur, dont on connaît partout le vif
intérêt pour la science et qui fut toujours le premier
soutien du Muséum dans le mouvement progressif dont
je trace ici très rapidement l'histoire, l'Empereur,
dis-je, poussa sa bienveillance jusqu'au point d'assister
très régulièrement à presque toutes nos conférences.
Mais faut-il l'écrire? L'apparition de la voiture de la
cour à la porte du Muséum dénonçant la présence du
souverain dans le salon de nos cours, était, à quelque
différence près, l'unique cause qui pût attirer la majeure
partie de ces auditeurs improvisés. On s'est découragé, à la fin, de préparer ces pénibles leçons, accom-
pagnées de nombreuses planches murales, de démons-
trations des produits naturels dont on devait parler,
d'ailleurs sans presque aucun résultat. Le Muséum
avait été l'initiateur au Brésil de ces cours de carac-

tère scientifique supérieur, professés devant quelques
gens du monde, en présence de l'illustre souverain,
qui est lui-même un savant renommé ; le Muséum doit
donc se contenter de cet honneur et du service qu'il
s'est efforcé de rendre au pays et à la science. Les
cours de cet établissement n'ont cessé toutefois que
pendant ces derniers temps, mais provisoirement et
pour des causes de force majeure, parmi lesquelles il
suffit de citer les réparations qu'a subies tout le vieil
édifice du Muséum, ainsi que le remplacement de
l'ancien mobilier, dont le changement a exigé un rema-
niement général des collections. Le gouvernement lui-
même, d'ailleurs, a confirmé cette mesure dans la nouvelle organisation qu'il vient de donner au Muséum
brésilien, car au lieu d'imposer au public des cours que
celui-ci n'a pas suivis, comme je viens de le dire,
chaque professeur, d'après le nouveau règlement, fera
des conférences sur les sujets les plus remarquables
de sa section, toutes les fois que l'occasion s'en pré-
sentera.

Mais c'est la Revue du Muséum qui a le plus
attiré mon attention et mes soins. Dès le premier fascicule, ce recueil a montré la nature de son but à la
fois utile et élevé, ainsi que la variété des recherches
dont il se proposait de faire la publication. On y voit,

tout d'abord, un rapport de M. Charles Wiener sur les *Sambaquis* de la côte de Santa Catharina. Ce voyageur se trouvant de passage à Rio-de-Janeiro vers la fin de 1875, je l'ai chargé d'aller faire une étude détaillée de ces amas de coquilles, véritables kjœkkenmœddinger brésiliens, dont les plus remarquables se trouvent sur les côtes de cette province et de celles de Paraná. Ayant étudié moi-même quelques sambaquis de la côte de la province de Rio-Grande du Sud, j'avais cru y reconnaître l'origine de ces dépôts coquillifères et même les saisons où nos anciens indigènes les ont formés. Dans les instructions que j'avais adressées à M. Wiener, je m'y suis reporté dans ces termes : « D'après mes récentes observations sur une certaine zone de la côte du Rio-Grande du Sud, ayant pour objet les vestiges laissés par nos aborigènes, les sambaquis que l'on y trouve sont plus modernes que ceux de Santa Catharina et de Paraná. Ces coquillages y furent accumulés, à mon avis, pendant l'hiver de chaque année, par des tribus descendues des plateaux de l'intérieur. Ces peuplades nomades, en évitant ainsi le vent froid du sud-ouest qui, sous le nom de *Minuano*, sévit sur ces plateaux, cherchaient l'abri hospitalier de la côte, où, pendant un séjour d'environ quatre mois, elles se vouaient à la pêche des mollusques bivalves dont l'abondance, tout en leur fournissant la nourriture pendant la pêche, leur assurait des vivres pour le retour. Cette supposition me paraît d'autant plus vraisemblable que les arêtes que j'y ai rencontrées en plus grand nombre appartiennent à des poissons plus communs l'hiver sur cette côte. En appelant votre attention sur ces remarques, je vous recommande comme preuves bien évidentes de l'origine que j'attribue aux *sambaquis* les vestiges d'ignition dans les différentes couches de ces collines artificielles au haut desquelles il faut croire que les indigènes allumaient leurs feux nocturnes, comme le font encore de nos jours les Indiens du Paraná et de la province d'Espirito-Santo, sur les points déserts de la côte qu'ils choisissent pour leurs pêches, en tout semblables à celles de leurs ancêtres. »

De retour de sa mission, vers le commencement de 1876, M. Wiener devait présenter son rapport et se trouvait en même temps très pressé de continuer son voyage pour le Pérou ; je lui proposai de rester chez moi pour rédiger ce rapport qui, grâce à cette circonstance, fut fait en très peu de temps. Je ne dirai pas qu'il n'y ait quelques points à retoucher et à reprendre dans les observations et les conclusions de l'auteur, mais je ferai remarquer que le sujet dont il s'est occupé est on ne peut plus scabreux, sans parler du manque de temps qui l'a empêché de faire faire des fouilles plus complètes et plus nombreuses. Ce voyageur a donné la preuve d'ailleurs dans ses publications postérieures, que la confiance qu'il m'a inspirée était bien fondée. Dans ce même fascicule de nos Archives, il y a une note de Charles Hartt sur les *Tangas* (*folia vitis*) en argile dont se couvraient toutes les anciennes femmes de Marajo et dont je parlerai plus tard, et le commencement de mon mémoire sur l'évolution morphologique des tissus des Lianes, travail dont l'introduction fut terminée dans le 4ᵉ fascicule de la même année, mais qui est resté jusqu'à présent incomplet, car c'est à partir de cette même année que je fus obligé de multiplier les moyens d'augmenter les collections archéologiques du Muséum, que je fus forcé bien souvent d'aller moi-même à la recherche de ces antiquités, et d'écrire à des centaines de personnes pour en avoir des renseignements le plus souvent difficiles à obtenir et souvent défectueux. Toute mon activité ne suffisait donc pas à cet énorme labeur. Il m'eût été évidemment bien difficile de m'occuper à la fois de botanique et d'ethnographie. Aussi les recherches botaniques cédèrent-elles le pas à celles de l'archéologie et de l'ethnologie. J'éprouvais un grand serrement de cœur, mais je devais sacrifier mes goûts et mes intérêts personnels aux devoirs de ma situation au Muséum pour lequel l'étude de nos Indiens, prêts à disparaître complètement, est le besoin le plus pressant et la plus haute mission actuelle. C'est, du reste, l'aveu que j'ai fait dans la lettre-préface adressée à M. Baillon, en 1883, pour une publication ayant rapport à la botanique. J'en transcris les passages suivants qui montrent bien la nature des luttes dans lesquelles je me trouvais alors avec moi-même : « Vous dirai-je, mon savant ami, que c'est avec un mélange de plaisir et de regret que mon esprit se reporte, en passant, sur le champ, toujours si cher pour moi, de la botanique? Pourquoi donc, me demanderez-vous, ai-je délaissé ce domaine, où j'ai reçu tant et de si grands encouragements de vous, et de vos savants confrères d'Europe? Hélas! demandez plutôt au soldat appelé au champ de bataille, pourquoi il change sa confortable caserne de la capitale pour le bivouac dressé la nuit sous les intempéries du désert; ou au matelot sur le point de partir vers des rivages inconnus, comment il a le courage de quitter son foyer, sa famille et sa patrie pour aller mourir peut-être abandonné, dans un pays ignoré, aux confins de la terre. Tel est, en vérité, le cas où me placent mes devoirs de directeur général du Muséum national de Rio-de-Janeiro, le seul établissement scientifique du Brésil en état de recueillir et d'étudier les dépouilles des derniers représentants de plusieurs millions d'individus qui peuplèrent, pendant des dizaines de siècles, les côtes et les plaines de l'intérieur du Brésil. »

CHAPITRE III

Dans les fascicules suivants de la Revue du Muséum, on trouve des travaux d'un grand mérite et, en premier lieu, ceux de Fritz Müller sur les rapports qui existent entre les fleurs aux couleurs variées et les insectes pronubes chargés de leur fécondation, ainsi que sur les organes odoriférès de certains insectes qui s'en servent pour attirer leurs femelles à des distances considérables. On peut se faire une idée de l'importance de semblables observations faites sur la riche nature du Brésil, par un naturaliste tel que Fritz Müller. Dans les fascicules du premier volume, MM. Lacerda et Peixoto ont publié leurs premières contributions à l'étude anthropologique des races indigènes du Brésil. Les deux savants anthropologistes de notre Muséum arrivent à des conclusions dont la justesse se trouve déjà confirmée par des observations sérieuses. Ces conclusions sont les suivantes : 1° la race primitive du Brésil était dolichocéphale; 2° les races indigènes actuelles représentent le mélange de deux types différents; 3° chez les races étudiées par les deux auteurs, celle qui s'approche le plus de la race primitive est la race des Botocudos; 4° il a existé au Brésil, à une époque très reculée, une race caractérisée par une forte dépression frontale; 5° l'usage des déformations artificielles du crâne n'existait pas chez la plupart des peuples indigènes du Brésil. Les grands massifs de l'Amérique, y compris ceux du territoire brésilien ainsi que ses plateaux intérieurs, devant être du même âge que les plus anciens points du globe, il s'ensuit que là, comme ici, se sont trouvés les premiers représentants de l'humanité. Donc, si l'Amérique, toute vierge pour les êtres primitifs de la famille humaine, a donné l'hospitalité à des hommes arrivés d'autres continents, ce fait aurait pu avoir lieu à une époque tellement reculée que leurs dépouilles, à demi ou tout à fait fossilisées, sont devenues en tout semblables à celles des hommes les plus anciens des cavernes d'Europe. De là, la difficulté, et je dirai même l'impossibilité pour l'anthropologiste de distinguer les ossements de la race autochtone de ceux de la race qui ne l'est pas.

Une calotte cranienne trouvée dans une caverne de la province de Ceará, mais malheureusement assez incomplète, a été décrite et figurée par MM. Lacerda et Peixoto dans leur mémoire. Cette minime dépouille fossile de l'un des premiers hommes qui ont peut-être foulé le sol du Brésil, et qui est, à mon avis, bien plus ancienne que celle de l'homme de Lagoa-Santa, montre une remarquable dépression de l'os frontal et, en même temps, une forte saillie des arcades sourcilières, dans les mêmes proportions exagérées que le crâne d'Eguisheim. Ne serait-ce pas là un ancêtre des Aymaras dont M. Hamy trouve à présent des traces craniologiques même en Californie? Je l'ai écrit plus d'une fois et je le répète : toute déformation cranienne que s'imposaient les races sauvages avait pour but l'imitation de leurs ascendants. C'est à n'en plus douter une manifestation de leur culte ancestral. Nos Cambebas [1], dont le nom, un peu altéré par les Portugais, signifie Têtes-Aplaties, déformaient leurs crânes afin d'imiter évidemment un type dont nous avons, dans la calotte cranienne de Cearà, un échantillon curieux.

Dans le deuxième volume de la Revue du Muséum, outre la suite des savantes observations de Fritz Müller auxquelles je me suis déjà reporté, ont

1. Des mots tupys *Acang*, tête, et *Peba*, plate ou aplatie. Les noms *Pera, Pemba* et *Peua* ne sont que des variétés ou modifications du même qualificatif. L'étude seule de la langue de nos Indiens serait déjà d'une grande valeur pour la connaissance des produits naturels du pays, de la nature des lieux, de la forme des montagnes, du cours des fleuves, enfin de tous les objets auxquels se rapportent des milliers de noms guarano-tupys, naturellement estropiés et profondément altérés dans l'adaptation qu'ils ont subie à la langue portugaise. Du reste, outre la nasalisation des voyelles *a, e* et *o* très commune chez plusieurs tribus, il y a encore les mutations des consonnes et plus particulièrement du *P* en *K* et en *M*. Certes pour quiconque n'est pas bien au courant de ces particularités les deux noms : *Ipe-ca-cuãia* et *puaia* par lesquels les Indiens mentionnent le végétal bien connu : *Cæphælis Ipeca*, paraîtraient n'avoir rien de commun entre eux, et cependant, abstraction faite des mots *Ipé* et *ca* qui expriment *écorce* et *plante*, les deux noms principaux *cuaia* et *puaia* ne sont que les modifications dont je viens de parler. Quelquefois la corruption du mot indien est due à quelques faibles homophonies que celui-ci peut présenter avec un mot portugais ou à peu près portugais. C'est le cas du *Stryphnodendron Barbatimão* dont le nom indigène *Abaremótemó* (dû à l'aspect du fruit qui rappele l'organe génital d'un vieillard) a été changé en *Barbatimão*, que la botanique a accepté. Le nom des Indiens *Ticunas* du haut Amazone brésilien ne paraît-il pas naturellement dû à la dénomination que ces Indiens ont reçue ou se sont donnée de *Tucan-unas* (*Toucans noirs*), oiseaux dont la peau est leur principal ornement?

paru des travaux fort intéressants de M. Lacerda sur le venin du *Bothrops Jararaca*; de M. Derby sur la géologie de la vallée du bas Amazone et de Ferreira Penna sur les dépôts céramiques de Pará. M. Lacerda y présente des recherches très minutieuses sur l'action du venin du *Bothrops Jararaca* en contact avec le sang de ses victimes, recherches dont voici les conclusions : le venin du *Bothrops Jararaca* agit sur le sang, en y détruisant la globuline. Ce venin y a une action en tout semblable à celle d'un ferment soluble. La mort qu'il produit a lieu par un procédé analogue à celui d'une grande hémorragie. C'est par des observations bien suivies et par des expériences aussi patientes que répétées dans ce champ d'essais physiologiques, que M. Lacerda est arrivé à la découverte de l'action du permanganate de potasse comme antidote chimique du venin des serpents. Les succès qui ont couronné ces expériences au Brésil et dans une grande partie de l'Amérique du Sud, ainsi que dans quelques localités des colonies anglaises et hollandaises d'Orient, ont besoin d'être mieux constatés qu'ils ne l'ont été jusqu'ici en Europe. Les expériences, d'ailleurs, d'après les renseignements que nous ont donnés des personnes habitant ces colonies, ont été on ne peut plus incomplètes et mal dirigées. Et cependant nous savons tous que quelque dix mille personnes y sont mortes annuellement, victimes des serpents venimeux.

Les recherches géologiques de M. Derby embrassent une assez vaste partie de la vallée de l'Amazone et peuvent être regardées comme une des plus précieuses études publiées jusqu'à présent sur cette remarquable région, dont la géologie de même que la faune et la flore sont encore bien loin d'être tout à fait connues.

Ferreira Penna, le regretté naturaliste voyageur du Muséum, qui était au Pará le surveillant aussi zélé que compétent des intérêts des sciences naturelles et particulièrement de l'ethnologie de l'Amazone, jette dans son travail un coup d'œil très précis et très perspicace sur les nécropoles de nos Indiens primitifs de la vallée inférieure du grand fleuve, dont il fut l'un des premiers à étudier les urnes funéraires.

Il me reste à parler du dernier travail publié dans le deuxième volume de nos archives. C'est un aperçu que j'ai rédigé sur les ornements de la lèvre dont la plupart des peuples sauvages de l'Amérique se sont servis de tout temps et même jusqu'à nos jours. Est-ce encore une manière d'exagérer le développement de la lèvre inférieure et même du menton, afin d'imiter

autant que possible le prognathisme des ancêtres? Je
le suppose. Néanmoins, il y a bien des tribus en Amérique qui n'en ont pas et qui n'en avaient pas l'habitude. Mais des études comparées sur cette question
sont d'autant plus difficiles et hasardées que nous
trouvons l'usage de cet ornement à la fois chez des
peuples placés au plus bas degré dans l'échelle anthropologique, et chez d'autres nations citées parmi les
plus civilisées, comme les Mexicains, dont les grands
rois eux-mêmes, lorsqu'ils étaient en même temps
grands prêtres, ne dédaignaient pas de porter ce sin-
gulier ornement. Quoi qu'il en soit, le caractère religieux chez les peuples américains moins barbares
jouait un certain rôle dans cet usage, et cela me fait
croire davantage à l'imitation du prognathisme des
aïeux dont j'ai parlé tout à l'heure [1]. La barbote des

1. L'ornement de la lèvre est, à mon avis, un cachet ethnologique
des plus anciens et des plus caractéristiques des Américains. C'est
quelque chose comme leur fétiche, comme leur talisman, dont,
pour rien au monde, ils ne voudraient se défaire. En effet, nous
sommes obligés d'y reconnaître, non seulement l'usage transmis de
père en fils d'un objet sans signification aucune, au point de vue
de l'ethnologie moderne, mais un grand respect, une espèce de
vénération, comme des sauvages peuvent en avoir, pour un talisman
dont le pouvoir surnaturel les eût protégés contre tous les mal-
heurs possibles. Et c'est seulement de la sorte qu'on peut com-
prendre l'attachement de ces sauvages à un ornement dont l'usage,
outre la douleur du percement de la lèvre dans l'enfance, les
empêche de s'embrasser et ne peut pas leur permettre une certaine facilité de parler et de manger. Aussi, l'ai-je dit dans mes

Antilles, dont le vrai nom chez les Guarano-Tupys est *tembetá* (mot composé de *tembé*, lèvre, et *itá*, pierre), est, d'ailleurs, parmi les peuples chez lesquels elle se fait en pierre des plus dures, un objet précieux, un talisman dont la haute valeur peut être facilement calculée d'après les substances qu'on emploie dans sa fabrication. Ce sont la néphrite, le béryl, le quartz hyalin, l'orthose verte, c'est-à-dire des roches d'une couleur plus ou moins verdâtre et dont la dureté doit exiger des efforts inouïs de la part de l'ouvrier qui n'a pour outils que le sable et l'eau et quelques feuilles siliceuses de nos forêts, et dont le mécanisme est le frottement du sable mouillé ou celui de ces mêmes feuilles, employé pendant plusieurs années contre l'objet dont il veut faire le précieux bijou.

Mais je ne saurais donner ici, même en résumant de mon mieux, un aperçu général des nombreux travaux insérés dans les volumes III et IV de nos Archives. Ce sont des observations bien curieuses de Fritz Müller sur les habitations des larves de trichoptères de Santa Catharina et sur les métamorphoses d'un

remarques sur cet ornement, tout fait croire que ces malheureux, comme quelques tribus sauvages de l'Océanie, ne connaissent pas la douce sensation du baiser, expression à la fois de respect, de tendresse et d'amour, chez la majeure partie de l'humanité.

diptère de la même province, ainsi que d'autres remarques non moins intéressantes sur l'*Elpidium bromeliarum* ; des recherches de M. Lacerda sur le venin du *Crotalus horridus* et de nouvelles observations craniologiques du même auteur ; des aperçus de M. Derby sur la géologie de la région diamantifère de la province de Paraná, sur le bassin crétacé de la baie de la ville de Bahia et sur la géologie de la vallée de San Francisco, sans compter d'autres travaux également d'un grand intérêt pour le Brésil.

CHAPITRE IV

Mort de Ch. Hartt. — Modifications dans le personnel du Muséum.
— Mission Jobert à l'Amazone. — Collections ichtyologiques
rapportées et envoyées au Jardin des plantes. — Le professeur
Couty. — L'École polytechnique de Rio. et son enseignement
amélioré. — Le professeur Couty au Muséum. — Le nouveau
laboratoire de physiologie expérimentale du Muséum. — Services qu'il a rendus à la science. — La *Flora fluminensis* du
père Velloso. — Publication de tout le texte de cette Flore dans
le cinquième volume des Archives. — Importance de ce vaste
recueil botanique et causes du retard de sa publication. — Projet de l'exposition anthropologique. — Passage à Rio-de-Janeiro
de l'expédition Crevaux à cette époque. — Départ de l'auteur
pour l'Amazone.

Cependant, avant de poursuivre le compte rendu de
nos travaux et plus particulièrement de nos Archives,
qu'on me permette de jeter un coup d'œil sur le personnel quelque peu modifié du Muséum, depuis le
commencement de 1876, époque de l'organisation
que lui a donnée le ministre Thomaz Coelho, jusqu'à 1879.

Charles Hartt, mort en mars 1878, quelques mois après la suppression de la Commission géologique dont il fut le chef, avait été remplacé par intérim une année auparavant par Charles Saules, sous-directeur de cette section. Mais Saules étant décédé vers la fin de cette même année, j'ai dû le remplacer peu de temps après par M. Derby, l'un des anciens collaborateurs de la commission de Hartt. En le proposant pour cette place au Muséum à M. de Sinimbù, ministre de l'agriculture, j'ai eu pour but de mettre à profit sa compétence et, en même temps, sa qualité d'ancien employé de la commission géologique dont il connaissait aussi bien le matériel, déposé déjà au Muséum par ordre du gouvernement, que les travaux qu'elle avait commencés. En 1877, j'avais obtenu, non sans grande peine, de M. Thomaz Coelho, l'autorisation d'envoyer en mission, pour le compte du Muséum, dans l'Amazone, le docteur Jobert, professeur de la faculté de Dijon, que le gouvernement avait engagé comme professeur de biologie industrielle à l'École polytechnique de Rio-de-Janeiro. M. Jobert ayant rompu son engagement, j'ai voulu utiliser en faveur de notre établissement les aptitudes de ce savant auquel je donnais ainsi, en même temps, un témoignage de considération qu'il méritait bien

de la part du Muséum. Il s'agissait particulièrement
de l'ichtyologie de l'Amazone, dont Agassiz s'était
procuré, treize ans auparavant, une riche moisson
qui se trouva plus tard endommagée et perdue pour
la science, en partie. M. Jobert avait le plus vif désir
de recueillir des richesses capables de réparer cette
perte, en parcourant les lieux où le célèbre naturaliste avait ramassé ses magnifiques collections. Il partit,
accompagné du naturaliste voyageur M. Schwacke,
chargé de faire des collections botaniques de la
vallée de l'Amazone, tout en prêtant au zoologiste
français les services dont tout voyageur a besoin de
la part d'un aide intelligent et éclairé dans un pays
dont il connaît peu les ressources. M. Jobert, de
retour à Rio-de-Janeiro vers le milieu de 1878, rap-
porta de son voyage, qu'il avait poussé jusqu'au
Piauhy, 3,500 échantillons de poissons, qui furent
portés au Muséum du Jardin des plantes, afin d'y
être déterminés, car il n'y avait point de spécialiste
de ce genre au Muséum national. En envoyant ainsi
ces richesses, j'envisageais le double service que
j'allais rendre aux deux établissements et à la science
en général. La classification de ces poissons est malheureusement assez loin d'être terminée, et j'en suis
d'autant plus contrarié que je reconnais aujourd'hui

combien il m'aurait été facile d'obtenir l'achèvement
de ce travail, si on l'avait confié au professeur Stein-
dachner, qui s'est chargé de la classification des poissons amazoniens d'Agassiz. Mais c'est M. Vaillant,
professeur d'ichtyologie au Jardin des plantes qui
en a été chargé, et sa compétence ainsi que son zèle
pour les collections qui lui ont été confiées, font espérer que nous aurons tout motif de lui en savoir gré.

M. Jobert fut remplacé plus d'un an après son
départ de l'École polytechnique et même quelques
mois après avoir quitté le Brésil. Le docteur Couty lui
succéda dans la chaire de biologie industrielle de cette
École. Le nouveau professeur, aussi jeune qu'ardent
et habile physiologiste, n'y trouva pas au premier abord
tout ce qu'il désirait pour commencer ses expériences
et même pour installer ses appareils et instruments
de travail. L'École polytechnique, il lui faut rendre
justice, luttait de son côté contre toutes sortes de
difficultés administratives, difficultés qu'éprouvent nos
établissements brésiliens tout aussi bien que plusieurs
de ceux d'Europe et particulièrement de France. Il
lui manquait surtout des laboratoires, des moyens
d'action pour agir et pour entreprendre des travaux
tout autres que ceux des cours théoriques dont on
surcharge l'esprit des jeunes gens. Ce genre de cours

est d'autant plus nuisible qu'ils ont suivi d'ordinaire
au Brésil une fausse voie, comme il arrive à tout
enseignement dépourvu de côté pratique. En Allemagne, bien mieux qu'en France, on a parfaitement
compris ce que doit être cet enseignement, et l'École
polytechnique de Charlottenbourg, à deux pas de la
capitale, n'est autre chose que la plus éclatante
démonstration de ce qu'on en peut obtenir[1]. Heureusement, l'École polytechnique brésilienne a pris, dans
ces dernières années, la voie qui lui était indiquée par
le développement des sciences et par les besoins du
pays. Des laboratoires y ont été montés suivant les
ressources dont on dispose; MM. Alvaro d'Oliviera,
Pitanga, Michler, Carneiro da Cunha, Tisserandeau
et d'autres professeurs compétents y exercent régulièrement leurs fonctions de directeurs ou guides théoriques et pratiques de l'enseignement dont ils ont la
charge. Cet enseignement, cela va sans dire, est bien
loin encore du niveau qu'il lui faut atteindre, mais
tout est relatif chez nous et ce n'est qu'à force de
luttes qu'on arrive à obtenir ce que, en Europe, on a
sans grande difficulté.

1. De tous les établissements d'enseignement supérieur que j'ai
visités aussi bien en Allemagne qu'en Autriche, en Italie, en France
et en Angleterre, l'École polytechnique de Charlottenbourg m'a
paru celui qui remplit le mieux son but.

Le docteur Couty eut, je le disais, quelque déception en arrivant à l'École polytechnique. Il y était à
peine depuis deux ou trois mois qu'il demanda à
M. Lacerda de le présenter au directeur du Muséum.
Dans cette première visite il m'exposa ses plaintes
contre le service de l'École, disant combien il était
découragé à cet égard et quel vif désir il avait d'entrer
en relation avec moi. M. Lacerda travaillait alors très
activement à ses expériences sur le venin des serpents
et sur d'autres substances toxiques. J'offris à notre
nouvel hôte tous les moyens que le Muséum avait mis
à la disposition de M. Lacerda, ce dont il parut fort
reconnaissant. De mon côté, grâce aux travaux de
M. Lacerda, j'étudiais le projet d'un grand laboratoire
de physiologie expérimentale, où ces travaux auraient
un plus vaste champ d'application. J'en parlai, quelques semaines plus tard, au professeur Couty à qui je
demandai un aperçu de ce qu'il fallait acheter en
Europe et faire construire au rez-de-chaussée du
Muséum, où ce laboratoire devait être installé. Après
avoir préparé le plan et rédigé la liste du matériel
dont nous avions besoin, je me suis adressé au gouvernement qui, après des hésitations, du reste bien naturelles en pareil cas, a résolu de me donner l'autorisation nécessaire. Quelques mois après, le laboratoire

du Muséum était prêt, grâce à l'intervention toujours bienveillante de l'empereur. Dans l'intervalle , le docteur Couty était allé faire une excursion au sud du Brésil et à la vallée inférieure de la Plata. Il eut une agréable surprise à son retour : les appareils, les instruments et les réactifs commandés en Europe étaient arrivés et en partie déjà installés. Les travaux furent commencés aussitôt et nous avons eu ainsi, au Muséum national, le premier laboratoire de physiologie, monté convenablement , ce qui nous permit d'expérimenter avec des instruments encore tout nouveaux et dont quelques-uns étaient à peine connus même en Europe.

Le docteur Couty, mort il y a quelques années, nous a laissé des publications qui décèlent bien son goût pour les recherches économiques; mais peut-être n'avait-il pas assez de calme, ne mûrissait-il pas suffisamment dans son esprit les observations qu'il faisait.

Ses travaux physiologiques, selon l'opinion de quelques spécialistes français, mériteraient d'ailleurs une constatation sérieuse qu'ils n'ont par subie.

J'ai parlé, tout à l'heure, des derniers volumes de nos Archives, parus vers 1878, et ces volumes étaient le troisième et le quatrième de cette revue. Or, depuis longtemps, le monde savant et, en particulier, les botanistes demandaient la publication de la célèbre *Flora fluminensis*, imprimée à Rio-de-Janeiro en 1825 et qui était devenue fort rare en Europe. Bien peu de personnes savaient où était la partie inédite de cet ouvrage ; elle se trouvait à la Bibliothèque nationale de Rio-de-Janeiro et me fut confiée, sur ma demande, par le savant qui en était le directeur à cette époque, M. le baron de Ramiz. Réunissant la partie publiée en 1825 à la moitié inédite, j'ai cru rendre un bon service à la Science en publiant la totalité du texte dans le cinquième volume des Archives. Je dirai, en peu de mots, ce que fut le père Velloso et de quelle manière son grand ouvrage, vaste preuve d'une profonde connaissance de nos richesses forestières, est resté si longtemps dans l'état d'où je l'ai retiré, sans compter les planches dont le sort ne fut pas plus heureux. L'infatigable botaniste brésilien avait préparé sa *Flora* pour l'impression, en 1790, après un quart de siècle de constantes recherches ; mais des difficultés insurmontables survinrent, et il mourut sans avoir eu le bonheur de voir paraître le résultat de plusieurs années de labeur assidu.

Ce n'est pas tout. Tandis que ses magnifiques planches, dont j'ai vu quelques dessins originaux d'une rare perfection, étaient reproduites d'une manière plus que grossière et inexacte par des artistes peu compétents de Paris. son texte ne fut imprimé que trente-cinq ans après sa rédaction. Qu'on se figure combien de corrections y aurait ajoutées l'auteur, combien d'éliminations et d'additions! « Il nous suffit, dis-je dans la préface de cet écrit, de rappeler que le système linnéen admis par Velloso, et généralement suivi par tous les botanistes, à l'époque où il écrivit la *Flora fluminensis*, était déjà bien abandonné vers le moment où son manuscrit fut imprimé. Il y a pis : le plus grand malheur pour l'œuvre du regretté botaniste brésilien, c'est que les 35 longues années pendant lesquelles on a laissé son précieux manuscrit dans la poussière de l'oubli, correspondent justement au temps où le plus grand nombre de naturalistes européens ont entrepris et réalisé des voyages dans tout le Brésil, et particulièrement dans la province de Rio-de-Janeiro et dans celles qui lui sont plus proches : Saint-Hilaire, Martius, Sellow, Pohl, Mihan, Schott, Raddi, Langsdorff, Gaudichaud et bien d'autres botanistes, ainsi que plusieurs collectionneurs, y ramassèrent alors des milliers d'espèces végétales dont un assez grand nombre avait été déterminé par Velloso. Ses genres insuffisamment définis par des diagnoses incomplètes, comme il les avait ébauchées en 1790, ses espèces mal décrites et figurées d'une manière encore pire, tout cet ensemble d'inconvénients se trouva malheureusement dans la *Flora fluminensis*, trop tardivement parue. Quant aux planches fort nombreuses et réunies en onze volumes in-folio, leur histoire n'est pas moins triste. Vu le grand espace dont il fallait disposer pour les garder, elles furent distribuées aux différents établissements dépendant du ministère de l'Empire et y disparurent plus tard en grande partie. Bien heureux celui qui en possède aujourd'hui un exemplaire complet! Du reste, ce n'est pas une publication qui doive figurer dans une bibliothèque particulière, mais bien un ouvrage destiné aux bibliothèques des établissements publics, où l'on a besoin de le comparer, à chaque instant, avec la *Flora Brasiliensis* de Martius, dont les monographes renvoient constamment à ce vieux recueil. »

Nous étions en 1881, et depuis quelques années j'étudiais le projet d'une exposition anthropologique au Muséum national, en y comprenant l'ethnologie, l'archéologie et l'anthropologie. Ce projet était on ne peut plus séduisant; mais les moyens de le réaliser me manquaient. Je n'avais, d'ailleurs, ni les matériaux nécessaires, ni des correspondants assez zélés dans les pro-

vinces pour m'aider activement. Il fallait tout me pro-
curer par moi-même et je ne savais comment ni à qui
m'adresser. Il se trouva heureusement que le ministre
de l'agriculture, Pedro Luiz, était l'un de nos plus
aimables littérateurs, très accessible à toute idée scientifique. Je lui exposai la situation. Notre savant empereur qui, au premier abord, avait parfaitement saisi
mon plan, lui en parla probablement, comme il le fait
souvent, prêtant ainsi l'appui de sa haute intelligence,
et mettant autant de promptitude à favoriser les idées
utiles aux progrès nationaux que d'empressement à
s'effacer avec modestie à l'heure du succès final. Quoi
qu'il en soit, le ministre prit mon idée en considération; car des circulaires signées de sa main furent
adressées aux présidents des provinces et aux chefs des
commissions ministérielles, leur ordonnant d'envoyer
au Muséum national tous les objets d'origine indigène
dont la liste était jointe à la circulaire. J'étais très
occupé à envoyer de tous côtés cette circulaire lorsque
j'ai vu entrer à mon bureau le malheureux et à jamais
regretté explorateur Crevaux avec ses infortunés compagnons de voyage et de malheur. Je lui ai fait part de
mon projet d'exposition anthropologique. Il a fait la
lecture d'une des circulaires que nous avions devant
nous et, pris d'un mouvement subit de satisfaction, ce

qui lui était, à ce qu'il paraît, très naturel dans des cas pareils, il m'a serré la main en m'engageant à aller avant tout à l'Amazone et en me donnant rendez-vous à l'embouchure du Xingù, où il comptait se trouver vers le milieu de 1882, après avoir fait l'exploration de ce fleuve, but principal de son voyage au Sud. Tout d'abord il a voulu examiner les collections ethnologiques brésiliennes du Muséum, les plus riches qui existent réellement. Ringel, le peintre dessinateur de l'expédition, a pris à son indication plusieurs croquis, dont j'ai rencontré, le cœur serré de tristesse, quelques-uns dans un tableau au musée du Trocadéro. Ces croquis représentent les mêmes instruments exposés par moi au pavillon de l'Amazone, au Champ de Mars, instruments dont les Indiens de l'Amazone se servent pour priser la poudre du fameux *Parica*.

Crevaux et ses compagnons étaient descendus du bateau qui devait les conduire à la Plata dans l'intention de visiter le Muséum seulement. Ils n'avaient donc pris qu'une veste en laine et un chapeau mou aux bords larges, conservant leurs chemises de bord, en laine, sans cravate de quelque nature que ce fût. Or, en les conduisant aux plus beaux faubourgs de la capitale, je les ai amenés naturellement aussi au parc du château impérial de Saint-Christophe.

Une fois dans le voisinage de la résidence de l'empereur, dont tout le monde connaît le manque d'apparat et l'abord toujours si facile, l'idée m'a pris de lui présenter les voyageurs, malgré leur accoutrement. Sa Majesté a daigné les recevoir avec une bienveillance si remarquable que Crevaux, remis de son premier trouble, s'est mis à lui donner toutes les explications sur ses voyages dans les Guyanes et dans l'Amazone.

S. M. l'Impératrice se trouvant par hasard dans le salon voisin, je lui ai demandé la permission de lui présenter les explorateurs, lesquels, introduits auprès de l'auguste souveraine par son chambellan et reçus avec la bonté proverbiale qui lui est naturelle, ne pouvaient revenir de leur surprise ou plutôt de leur enchantement. Je les ai présentés ensuite, de retour à la ville, à la rédaction des principaux journaux de Rio. Le lendemain, je les ai conduits chez M. Antunes, président de la Compagnie des paquebots faisant le trajet de Rio-de-Janeiro à Matto Grosso et j'ai obtenu de lui les passages et les transports franco dont nos hôtes avaient besoin. Hélas! ils ne s'en sont servis qu'en partie. J'étais de retour de mon voyage à

l'Amazone huit mois après le départ de Crevaux,
auquel m'attachait une vive sympathie, lorsque nous
avons reçu à Rio-de-Janeiro un télégramme com-
muniquant son affreuse mort. J'ai pris la plume et,
le cœur gros de chagrin, j'ai écrit à la rédaction de
la *Gazeta de Noticias* la lettre qui, transcrite dans
un journal de Paris, fut la première communication
par laquelle le gouvernement français a reçu la nouvelle fatale.

Pedro Luiz ayant donné sa démission, ce fut
M. Saraiva, président du conseil des ministres, qui
prit par intérim le portefeuille laissé par l'éminent
homme de lettres dont nous regrettons la mort pré-
maturée. Le président du conseil eut la bonté de me
montrer les premières réponses adressées aux circulaires de son prédécesseur. C'étaient les communications de quelques présidents des provinces du Nord,
plus décourageantes les unes que les autres. Or,
c'était précisément sur ces provinces que je comptais
le plus : car c'est là que les plus riches trésors ethnographiques s'offrent encore de nos jours pour les
études sur nos Indiens! M. Saraiva ne put s'empêcher de me détourner de mon projet, dont l'échec
semblait plus que probable après ces premiers avis
officiels. J'en étais réellement stupéfait.

Après quelques moments de réflexion, je lui demandai la permission de le revoir le lendemain. Mon plan fut arrêté ce jour même. Je me rendis au ministère à l'heure fixée et je demandai à l'honorable homme d'État, dont tout le monde connaît les services rendus à sa patrie, une somme minime à titre de frais de voyages et des transports jusqu'au Pará pour deux employés et pour moi, ainsi que des lettres de recommandation officielle pour le président de cette province. Tout me fut immédiatement accordé. Ma résolution prise, je ne voulus écouter les réflexions de qui que ce fût, et je partis avec MM. Motta et Schwacke le 10 janvier 1882. Sur ma route, le paquebot s'arrêtant presque à chaque chef-lieu de province, je descendais pour y laisser des renseignements sur l'Exposition projetée, m'adressant de préférence aux présidents et aux personnes les plus éclairées.

CHAPITRE V

Au Pará, d'où le gouvernement avait reçu les plus
décourageantes communications sur le projet qui m'y
conduisait, je me procurai le concours des person-
nages les plus influents et particulièrement celui de
Ferreira Penna, qui y était l'homme le plus estimé et le
plus digne de l'être. La Compagnie de la navigation
de l'Amazone m'aida beaucoup de son côté, grâce à

l'intérêt tout particulier qu'a pris en faveur de cette expédition M. Pimenta Bueno, auquel Agassiz fut en grande partie redevable des magnifiques résultats de son voyage à l'Amazone. A peine cette Compagnie eut-elle mis à ma disposition un petit bateau à vapeur, que je me rendis au lac Arary, dans l'île de Marajó. C'est dans ce lac que se trouve la petite île artificielle de Pacoval, ancienne nécropole d'un peuple dont on ignore à présent le nom et l'origine[1]. J'y ai fait de nombreuses fouilles, malgré la chaleur, l'absence de confort et d'autres fléaux que je crois inutile d'énumérer. Lors de mon retour à la ville de Pará, l'on y fut très surpris du merveilleux résultat de nos travaux. Mais je ne m'en sentais pas complètement satisfait : il me fallait aller surprendre, dans leurs huttes sauvages, quelques tribus lointaines du Sud de la province, vers le haut de la rivière du *Capim*, où des Indiens Turyuaras et Amanagés se sont fixés non loin des Indiens Tembés, dont ils ne diffèrent que par des nuances de dialectes se rattachant tous à la langue guarano-tupy, connue généralement sous le nom de *lingua geral*. Après avoir remis en bonnes mains

1. La grande tribu *Aruan*, à laquelle paraît se rattacher sous le point de vue de ses mœurs et de ses traditions, ainsi que par son nom lui-même, la tribu *Aruac*, fut peut-être la dernière famille de ce peuple remarquable.

nos antiquités de Marajó, nous nous dirigeâmes vers le *rio Capim*. C'est une grande rivière aussi large et aussi longue que la Seine et dont le nom est néanmoins à peine connu au Pará, tant est immense la vallée du grand fleuve. Pendant la première journée de voyage, des maisons de campagne, des hameaux et même de pauvres petites chapelles se montraient et disparaissaient à nos yeux sur les rives dont la végétation merveilleusement éclatante étalait sa féerique richesse. Notre bateau à vapeur, dans sa course rapide, nous laissait à peine le temps de jeter les yeux sur les objets qui passaient devant nous comme s'ils étaient emportés par un coup de vent. Le lendemain, nous étions en plein pays indien. Nous y avons vu, en effet, quelques huttes perchées sur les rives, et nous y avons commencé à rechercher des ornements, des armes de chasse et de pêche, en échange des objets que nous avions apportés et dont les Indiens sont très friands. Ces peuplades, assez éprouvées par des fièvres intermittentes, ne sont pas très éloignées les unes des autres. Je voulus étudier les mœurs d'une tribu dont le caractère fût plus exempt de ce mélange, qui leur apporte ordinairement moins de civilisation que de corruption. Il y avait, à quelques lieues de là, un groupe nombreux de familles tombés dans les conditions désirées; mais, pour s'y rendre, il me fallait aller presque seul, car notre petit bateau ne pouvait pas passer et la plupart de mes gens, d'ailleurs fort peu nombreux, étaient aux prises avec les fièvres chroniques. Je devais donc suivre, à peine accompagné et sur des pirogues, le cours d'une rivière inconnue dont le courant était traversé parfois d'une rive à l'autre par d'énormes troncs de 40 mètres de long, qui nous barraient complètement le passage et que nous étions obligés d'enfourcher, portant à bras nos pirogues au-dessus de ces ponts primitifs. Le voyage dura deux longues journées et nous présenta bien d'autres obstacles à vaincre, dans une région on ne peut plus déserte. Arrivé au hameau de Potyretá [1], dont les habitants tout surpris de notre présence nous firent le meilleur accueil, j'y ai fait des études fort intéressantes, crayonnant en même temps de nombreux portraits d'hommes, de femmes et d'enfants; ils étaient tout heureux et bien étonnés de se reconnaître sur le papier; je les faisais danser et chanter, grâce aux cadeaux et surtout à l'eau-de-vie que je leur donnais et dont ils sont très friands, aussi bien les vieillards, assez rares chez eux, que les enfants de trois

---

1. Nom composé des mots tupys *poty*, fleur, et *etá*, beaucoup, liés par la lettre euphonique *r*.

et quatre ans, auxquels on faisait fumer des cigarettes de 20 centimètres de long. Une fête quelconque venait d'y être célébrée et toutes les femmes ainsi que les enfants au-dessus de cinq ans, s'étaient ornés le corps et la figure par des dessins très délicats faits avec le suc du *Genipa Brasiliensis*. Ce sont des ornements tout semblables à ceux dont ces mêmes sauvages décorent leurs pots de terre et leurs calebasses. Un seul enfant avait sur ses épaules la figure d'un singe assis en se grattant le dos. Ce dessin était d'une expression si frappante que j'ai voulu en connaître l'auteur et je lui fis faire une figure pareille sur mon album. Mais de tout mon butin si paisiblement acquis dans ces régions, ce qui m'a plu par-dessus tout ce sont les squelettes et les crânes que j'en ai rapportés en employant des ruses que je n'appellerai pas pieuses, mais qui me semblent fort précieuses pour la science. En effet, personne, avant moi, n'avait pu obtenir de ces Indiens, même l'indication des sépultures de leurs morts. Ferreira Penna, devenu pourtant le cicerone de la province de Pará, où ses nombreuses relations lui procuraient les renseignements les plus utiles et des acquisitions quelquefois d'une grande valeur, n'en avait rien pu obtenir pendant les neuf années qu'il avait été au service du Muséum. En rentrant au Pará, notre petit bateau, chargé de nombreuses trouvailles et remorquant quelques pirogues de bois et d'écorce, avait bien rempli sa tâche.

Il nous rendit les plus grands services, ce dont je resterai toujours reconnaissant à la Compagnie de la navigation de l'Amazone [1]. Ayant pris congé des nombreuses personnes de cette capitale auxquelles j'étais redevable d'une bonne partie de mes acquisitions et de maintes amabilités, je rentrai à Rio-de-Janeiro au mois de mars, après une absence de deux mois et quelques jours. Je rapportais 25 gros colis, non compris les pirogues. Dès lors mon projet se trouvait justifié. L'Exposition anthropologique n'était plus une chimère, un simple rêve. Elle venait d'entrer dans le domaine de la réalité, car je venais de conquérir et j'avais là, dans les mains et sous les yeux, le noyau du matériel dont je devais enrichir plus tard cette fête de la science qui fut unique dans son genre, aussi bien au Brésil que dans le monde entier. Qu'on veuille bien m'excuser pour les détails que je viens de donner : ils ont en leur faveur l'intérêt des circonstances fort curieuses dans lesquelles je me suis

---

1. Je ne saurais louer assez l'appui que m'a donné dans cette occasion M. Chermont de Miranda, ingénieur brésilien et propriétaire au Pará, en me fournissant tout ce dont j'ai eu besoin pour le voyage du Capim.

trouvé presque à mon insu et dont ils n'offrent qu'une faible idée. L'Exposition anthropologique, inaugurée au Muséum le 29 juillet 1882 et occupant plusieurs salons de l'étage supérieur de cet établissement, a marqué réellement une date qui restera à jamais enregistrée dans nos annales scientifiques comme le jalon le plus important que le Muséum national ait planté dans la voie des études américanistes. Désormais toute réussite lui est assurée, si rien ne vient l'arrêter dans sa marche, si aucun grand obstacle imprévu ne s'y oppose. Le désir d'examiner les collections du Musée anthropologique de Buenos Ayres m'engagea à y aller avant la clôture de l'Exposition anthropologique du Muséum de Rio. Il est inutile de dire de quelle manière aimable et distinguée je fus reçu dans la capitale de la République Argentine par les corps savants de ce pays [1]. M. Moreno, le zélé anthropologiste sous la direction duquel se trouvait alors le Musée anthropologique argentin, eut pour moi tous les égards d'un amphitryon hors ligne et grâce à son bienveillant accueil je pus prendre des

1. J'y ai connu personnellement MM. Zeballos et Burmeister, avec lesquels j'étais depuis quelque temps en relation. Grâce à ces rapports que l'illustre Professeur Burmeister m'encourage à rendre chaque jour plus étroits, le Muséum National lui doit un squelette complet du fameux *Scelidotterium*, qu'il a bien voulu transporter lui-même, malgré son grand âge, de Buenos Ayres à Rio-de-Janeiro.

notes et des croquis sur des antiquités dont les caractères sont en général très rapprochés des types de nos antiquités amazoniennes. Mon séjour à la République Argentine ne pouvait pas être long, car j'étais surchargé de travail et je devais rentrer le plus tôt possible. Quelques publications sur l'Exposition anthropologique ont paru pendant sa durée, mais celle où la valeur scientifique de ses richesses est le mieux démontrée est assurément le volume VI de nos Archives, vaste recueil de recherches contenant 535 pages de texte avec plus de mille figures et comprenant les trois branches principales de l'Exposition. Ces recherches y sont insérées dans l'ordre suivant : « Contributions à l'ethnologie de la vallée de l'Amazone », par Charles Hartt; l' « Homme des Sambaquis », par J.-B. de Lacerda; « Nouvelles études craniologiques sur les Botocudos », par Rodrigues Peixoto; « Investigations sur l'Archéologie brésilienne », par Ladisláu Netto.

Le mémoire de Charles Hartt a été refondu et annoté en grande partie par M. Derby, et, dans certains passages, par la commission de rédaction de ce volume. Une certaine quantité des matériaux que je venais de rapporter de mes fouilles de Marajó, quatre ans après la mort du regretté naturaliste, y sont même mentionnés, ce qui s'explique par le besoin où nous nous sommes trouvés de mettre au service de ce mémoire les notes de l'auteur bien pleines d'intérêt, mais souvent à peine ébauchées et maintes fois sans liaison aucune les unes avec les autres. C'est pourquoi les planches de la fin du volume, préparées d'après les matériaux qui nous étaient communs, servent à éclaircir le corps de son travail, en même temps qu'à expliquer certaines de mes *Investigations archéologiques*, dont le texte remplit plus de la moitié du volume. Les travaux de MM. Lacerda et Peixoto embrassent un vaste champ d'études anthropologiques, dont les spécialistes européens ont pu apprécier parfaitement la valeur et les détails scrupuleusement exposés.

M. Lacerda compare les anciens Botocudos des Sambaquis du Sud avec ceux du rio Dôce et obtient des déductions qui rendent très curieuses les affinités des deux types, déjà très rapprochés, et avec l'homme dit de la *Lagoa-Santa*. M. Peixoto arrive à des conclusions plus étendues, dont on peut inférer qu'aucun type, parmi ceux qui ont été constatés jusqu'à présent au Brésil, ne présente les caractères essentiels d'une race complètement pure. Il semble qu'un grand métissage se soit depuis longtemps établi au sein des populations américaines du Sud, les formes plastiques des races primordiales, facteurs de ce mélange, ayant disparu depuis longtemps dans une fusion générale. C'est ainsi que se complique de plus en plus le problème dont le but est la caractérisation des peuples qui ont occupé cette partie du nouveau monde.

Quant à moi, je me suis efforcé de donner à mon travail de l'Exposition anthropologique tout le caractère d'une réunion d'observations consciencieusement suivies, sans aucune idée préconçue et sans prétendre faire des conclusions hasardées et inadmissibles. Si, au cours de cette étude, on trouve parfois quelques hypothèses ou des rapprochements entre nos antiquités et celles d'autres peuples, je ne présente ces idées qu'à titre de simples observations comparées, sans m'y arrêter nullement, sauf lorsque je me rapporte à l'Amérique centrale, où il est très probable que le peuple céramiste de Marajó ait eu sa source. Dans une conférence que j'ai faite devant Leurs Majestés Impériales, au Muséum, en 1884, afin d'exposer le contenu du sixième volume des Archives, je me suis exprimé sur ces idées dans les termes suivants : « Le doute de la pensée troublée par le *to be or not to be,* cette angoisse d'un cerveau en lutte avec lui-même dans les abîmes de l'inconnu, voilà ce qui exprime le mieux l'état d'esprit de ceux qui s'appliquent à l'étude des anciens peuples de notre continent. » Un peu plus loin, me référant aux ressemblances des produits céramiques que j'avais exhumés des collines de Pacoval et de Santa Isabel, dans l'île de Marajó, avec ceux du Missouri et de l'Amérique centrale, je dis : « Dans presque toutes les antiquités des *Mounds* de Marajó, j'ai rencontré d'innombrables caractères communs avec les produits céramiques des peuples les plus avancés de l'Amérique. Il y a donc, dans ce parallélisme de développements intellectuels, des entités qui se rapprochent plus étroitement entre elles, de même que deux genres, deux espèces et même deux individus peuvent se ressembler plus particulièrement au milieu d'une nombreuse famille. Or, parmi toutes ces nations du même âge ou plutôt qu'une grande similarité rattache le plus à nos *Mound-builders* de l'Amazone, ceux qui s'en approchent plus intimement ce sont les *Mound-builders* du Missouri, lesquels, à leur tour, présentent les analogies les plus frappantes avec les plus anciens Caraïbes et les Toltèques. Selon toute probabilité, les *Mound-builders* de l'Amazone provenaient de quelques contrées éloignées dont ils avaient gardé de vagues réminiscences, malgré les siècles écoulés et les vicissitudes sans nombre qu'ils durent subir avant d'atteindre le terme de leur exode. » Je ne saurais donner un aperçu, quelque résumé qu'il soit, des nombreuses questions américanistes dont je me suis occupé dans ce mémoire. Il y a là bien des détails dont j'aurais dû me dispenser, si j'avais eu l'expérience que j'ai acquise plus tard et surtout pendant mon présent voyage en Europe. Les caractères symboliques comparés n'ont, entre autres, aucune raison d'être au point de vue d'une origine commune qu'on pourrait leur attribuer, car, si je voulais en augmenter le nombre, il me faudrait y ajouter des milliers d'autres et de tous les peuples du globe. Il est évident, d'après mes propres idées bien souvent exprimées et assez clairement exposées dans la préface de la *Revue de l'Exposition anthropologique*, que la similarité des produits industriels ou artistiques des peuples sauvages les plus éloignés entre eux, n'est point du tout une preuve de leur commune existence. Car, quelle que soit l'origine, unique ou multiple, de l'humanité, les aptitudes de l'homme, comme de tous les animaux, devaient se trouver, au commencement de son existence, moins attachées à la transmissibilité des idées de ses ancêtres sur telle ou telle manière d'agir, qu'à son organisme, à ses facultés et à

ses besoins. D'ailleurs, cet *auto-fonctionnisme* —
qu'on me passe le mot — est parfaitement remarqué
et toujours constaté chez les animaux de la même
famille, africains ou asiatiques, américains ou océa-
niens, lesquels, n'ayant jamais eu de rapports entre
eux, construisent pareillement leurs nids ou leurs habitations souterraines, et présentent un grand nombre d'analogies dans leurs mœurs et besoins physiologiques. Somme toute, la plus grande discrétion
doit être observée dans ces questions aussi délicates
que pleines de dangereux attraits. Les Américains
ne sont peut-être pas tous de l'Amérique à l'origine.
mais qui oserait émettre une affirmation à ce sujet?
Il est encore trop tôt pour chercher à éclaircir ces
problèmes difficiles. Continuons à amasser de nouveaux matériaux; demandons encore au vieux sol de
ce continent improprement appelé Nouveau Monde,
les vestiges des anciennes races qui l'ont foulé longtemps avant de lui confier leurs os fatigués, et bien
plus tard seulement la vérité se fera jour peut-être
pour nous.

Je discutais en moi-même toutes ces idées, en
m'occupant d'une expédition envoyée dernièrement
sur mon initiative par la Société de géographie de
Rio-de-Janeiro aux sources du Tapajós, lorsqu'une

invitation de M. Reiss, le savant président de la session du Congrès des Américanistes à Berlin, vint m'appeler à Rio-de-Janeiro pour prendre part aux travaux de ce Congrès. Je venais de faire paraître le septième volume de nos Archives, entièrement consacré aux invertébrés fossiles brésiliens de la commission Hartt, dont j'avais confié les matériaux au professeur White, des États-Unis, et je réunissais de nouveaux travaux pour le huitième volume, dont la première moitié est déjà imprimée. J'avais également fort à faire pour la partie administrative du Muséum; mais je ne pouvais pas perdre une occasion aussi précieuse que celle de la réunion du Congrès à Berlin. J'y aurais non seulement à exposer nos travaux, mais aussi à connaître ceux de tous les autres savants conviés à cette fête de l'esprit, et surtout à admirer les belles collections du musée ethnographique de Berlin, le plus riche de tous ceux que l'on connaisse. L'occasion était donc on ne peut plus favorable; cependant le Muséum n'était pas à même de pourvoir aux besoins de mon voyage à Berlin. J'y songeais, sans savoir comment me tirer d'une telle difficulté, lorsque l'idée me vint de m'adresser à M. le marquis de Paranaguá, digne président de la Société de géographie de Rio-de-Janeiro. Grâce à son influence, à laquelle on doit l'état de prospérité de cette Société, ainsi que plusieurs explorations scientifiques, parmi lesquelles celle de Tapajós que j'ai mentionnée tout à l'heure, j'ai pu m'embarquer le 5 septembre de l'an dernier pour Hambourg, où je suis arrivé juste à temps pour prendre part à l'ouverture du Congrès de Berlin. Cette Assemblée scientifique, remarquable par son vaste et beau programme ainsi que par le grand nombre de membres qui vinrent de tous pays y prendre part, m'ayant nommé l'un des vice-présidents du Conseil général de la session et président de la seconde séance de nos travaux, j'ai cru devoir répondre à cette bienveillante distinction en m'inscrivant pour l'exposition de deux communications sur l'archéologie et l'ethnographie du Brésil : la première ayant trait aux antiquités de l'embouchure de l'Amazone, la seconde se rapportant à l'origine de la néphrite et de la jadéite, substances congénères dont les indigènes américains, et particulièrement ceux de la vallée de l'Amazone, ont fabriqué de tout temps leurs amulettes et leurs ornements personnels.

CHAPITRE VI

Résumé des deux communications faites par l'auteur au Congrès
des Américanistes de Berlin. — La colline artificielle de Pacoval, nécropole des anciens céramistes de l'ile de Marajó. —
Urnes funéraires. — Leur signification par rapport aux morts
dont elles contenaient les dépouilles. — Les *folin ritis* des Èves
de Marajó. — Le tatouage des femmes-chefs représenté dans les
urnes qui leur servent de sarcophages. — Une gynéocratie aurait-
elle existé à Marajó? — L'origine probable des *folin citis*. —
La néphrite parait appartenir aussi bien à l'Amérique qu'à l'ancien continent. — Le sidérolithe de Benjegó au Muséum. —
Bases essentielles de l'organisation dont le Muséum a besoin
pour se rendre digne de son but.

Voici à peu près ce que j'ai dit au Congrès de
Berlin sur les antiquités céramiques de l'île de Marajó,
par rapport au peuple qui les y a enterrées.

Les antiquités de l'île de Marajó sont pour la plupart des urnes funéraires qu'un peuple céramiste, très
avancé par rapport aux sauvages des régions envi-
ronnantes, y a enterrées avec les os de ses morts. Ces
urnes se trouvent, le plus souvent, dans des collines

artificielles, et tout semblables aux *Mounds* de l'Amérique du Nord. On les rencontre rarement enterrées
dans le sol naturel de l'île. La colline artificielle de
Pacoval, où j'ai fait plus particulièrement mes fouilles,
se trouvant dans l'intérieur de cette île, au bord du
lac Arary dont la surface est d'environ 12 kilomètres
de long sur 4 de large, est tantôt une île de ce lac,
tantôt une péninsule rattachée au sol de l'île, selon
que le niveau des eaux de l'Amazone est plus ou moins
élevé. Le *Mound* de Pacoval, qui mesure près de
100 mètres de long sur 45 de large et dont la hauteur atteint au centre 5 à 6 mètres, n'est à présent
que le tiers et peut-être encore moins de ce qu'il fut
jadis. Il est même bien probable qu'il eut au commencement la forme d'un chélonien (le *Jaboty* ou plutôt :
Iaüty), très vénéré dans toutes les fables indigènes,
car, encore de nos jours, ce petit îlot artificiel est
composé de deux élévations dont l'une (le corps du
jaboty) est dix fois plus grande que l'autre; de sorte
que si l'on avait voulu le construire sur la figure de
cet animal en le représentant la tête hors de la cara-
pace, comme il se tient en marchant, on ne s'y serait
pas mieux pris.

Pour vérifier cette supposition, j'ai pratiqué plusieurs fouilles dans la dépression qui sépare les deux

élévations, et je n'y ai rien trouvé. Du reste tout me
porte à croire que les constructeurs de cette nécropole chéloniforme n'enterraient leurs urnes funèbres
que dans la plus grande des deux élévations, l'autre,
où l'on n'a rien trouvé, figurant la tête de la bête et
n'ayant qu'une dizaine de mètres à peine de longueur.
D'après moi, le mound de Pacoval était à la fois la
nécropole de la nation et la résidence de son chef, car
le sol de l'île étant très plat de ce côté, le regard
devait embrasser, de cette hauteur artificielle, une
grande étendue, soit vers la terre, soit vers le lac. Chez
ce peuple essentiellement potier, la céramique, leur
unique industrie, était toujours exercée par des
femmes, ce qui me fait croire qu'elles y régnaient
en maîtresses. Le mort était enseveli dans la terre ou
plutôt mis en macération dans l'eau, à l'abri des caï-
mans qui y sont fort nombreux. Une fois les os complètement dépouillés de chair et préparés convenablement, on les déposait dans l'urne qui leur était
destinée. Quant à celle-ci, tout me fait supposer qu'on
la fabriquait et qu'on la décorait suivant les qualités
du défunt, pendant que ses chairs se décomposaient
dans le dépôt provisoire, car jusqu'à présent toutes
les urnes déterrées de ce mound décèlent le rang
du mort, son importance, son sexe et peut-être même

son âge et son nom, à en juger par des figures très curieuses qui les couvrent. A ce sujet, un fait est bien digne de mention, c'est que toute urne gardant la dépouille d'une femme d'un certain rang en représente l'image plus ou moins complète, depuis la tête jusqu'aux pieds, et contient, avec des plats et de petits vases [1], le plus souvent cassés, un objet très remarquable sous la forme d'une plaque triangulaire, concave d'un côté, convexe de l'autre, et avec un trou à chaque extrémité, où des fils assez fins pouvaient passer afin d'attacher cette espèce de *folium vitis* au corps de sa propriétaire. Ces plaques sont très soigneusement faites en argile cuite, peinte en blanc, avec des dessins décoratifs, tantôt en noir et en rouge, tantôt d'une seule de ces couleurs, toujours avec une finesse admirable et un cachet vraiment artistique.

Mais ce qui frappe le plus l'attention dans ces objets, c'est l'exacte juxtaposition qu'on cherchait à leur donner sur l'organe qu'ils devaient couvrir, en

---

1. Cette habitude, d'ailleurs très répandue chez presque tous les peuples primitifs du globe, a pris de telles racines dans l'Amazonie que, parmi les nombreuses sépultures que j'ai fouillées dans la vallée de la rivière du Capim, sépultures d'Indiens Tembés déjà baptisés, pas une ne se trouva dépourvue de plats de faïence importés d'Europe et enterrés avec le mort. Pour les sépultures des hommes, on y ajoutait leurs couteaux de fabrique également européenne. Les croyances sauvages subsistent donc encore malgré le christianisme.

les faisant sur mesure, peut-être. Chaque pièce était
évidemment destinée à sa propriétaire, à juger non
seulement d'après cette particularité, mais aussi
d'après les dessins qui en retraçaient les qualités :
car, parmi plus de soixante de ces plaques dont j'ai
fait une étude minutieuse, il n'y en avait pas deux qui
fussent pareilles. Du reste, comme pour les urnes,
ces ornements, symboles de pudeur, ou plutôt instruments préservatifs contre la morsure des moustiques,
décelaient deux classes distinctes de femmes chez ce
peuple : l'une puissante, représentant l'aristocratie;
l'autre pauvre, obscure, représentant la plèbe. A la
première appartenaient les élégantes *folia vitis* dont
je viens de faire la description; pour la seconde, ces
objets étaient fabriqués en argile mal cuite, sans
peinture et avec toute la négligence de l'à peu près.
Or, jusqu'ici, aucune autre nation barbare, soit de
l'Amérique, soit d'ailleurs, n'a jamais présenté, que
je sache, cet ornement de femme en terre cuite peinte,
particularité qui donne à ce peuple un caractère
propre et pourrait jusqu'à un certain point prouver
son long séjour à Marajó. L'adaptation que se sont
faites de cet objet les femmes de cette île, ornement
auquel nous ne trouvons rien de semblable dans les
régions septentrionales d'où la nation paraît être

descendue, peut être expliquée par l'abondance extraordinaire de moustiques dont on est poursuivi à Marajó, bien plus que partout ailleurs où le sol est plus
élévé au-dessus du niveau d'eau. Il est évident que
des femmes toutes nues, et surtout à l'époque de
leurs menstruations, doivent être martyrisées par ces
insectes dont les morsures multiples sont le plus ter-
rible fléau dont on puisse se faire une idée.

L'usage du même objet en toile ou en écorce ne
fut pas peut-être suffisant. On a eu recours à un
tablier qui ne pût permettre aucun passage à ces
insectes voraces; et tout d'abord on s'est servi d'un
fragment de vase dont la convexité s'adaptât plus ou
moins bien à l'organe qu'on voulait protéger. De là
est venu tout naturellement l'idée de la fabrication en
terre cuite de ces singuliers tabliers, dont l'origine
est ainsi toute trouvée, non pas dans la pudeur des
Èves bronzées de la grande île, mais, bien moins
poétiquement, avouons-le, dans les morsures des moustiques affamés.

Et voilà comment un caractère ethnologique d'une
certaine valeur se présente, et s'explique simplement
dans un besoin naturel qui en fut la cause forcée.
Quant aux urnes où les plus riches de ces ornements
ont été trouvés, il faut en signaler un caractère qui

n'est pas moins remarquable et qui, tout en donnant
à ces sarcophages en argile un cachet d'un très haut
intérêt, ne peut qu'éveiller l'attention des Américanistes. Je veux parler des peintures décoratives dont ces
vases, en forme de femmes, sont entièrement couverts,
circonstance d'autant plus curieuse que ces gravures
ont exactement la forme capricieuse des tatouages
des chefs Munducurus de l'Amazone, ou des Maoris
de la Nouvelle-Zélande. Sans vouloir dépasser les
bornes du champ de l'observation, ni attacher aux
objets dont je viens de parler plus d'importance qu'ils
n'en ont en réalité, je ne peux m'empêcher d'appeler
l'attention des Américanistes sur l'influence qu'une
certaine classe de femmes semble avoir eue dans l'île
de Marajó, influence révélée par ces urnes aussi soigneusement faites que richement parées d'un véritable
tatouage, car tel est bien le nom qui convient le mieux
à cette ornementation. D'un autre côté, ces tabliers
que je n'appellerai pas de pudeur, mais bien d'abri,
tabliers d'une fabrication presque aussi délicate que
celle de la vieille porcelaine [1], méritent bien qu'on y

1. M. Gustave Rumbelsperger, auquel j'ai confié par trois fois
la pénible tâche de poursuivre à l'île de Marajó les fouilles que
j'avais commencées avec l'aide de MM. Motta et Schwacke, a trouvé
dernièrement les restes d'un four où les céramistes primitifs de
l'île cuisaient probablement ces ornements de femme, les seuls

arrête un moment l'attention. Nous y avons, selon moi, des caractères ethnologiques dignes d'un grand intérêt, d'autant plus qu'il s'agit d'une région où la tradition la plus répandue et la plus hautement placée dans l'esprit de toutes les tribus de la vallée de l'Amazone, indiquait l'existence d'une classe de femmes extraordinaires dont le grand fleuve lui-même a pris le nom. Si cette tradition d'une véritable *gynéocratie* a jamais eu quelque raison d'être, c'est bien vraisem-blablement chez cette nation de femmes céramistes, probablement fort nombreuses et même puissantes, et dont les chefs devaient jouir des honneurs les plus grands et les plus élevés dans la localité. C'est un sujet qui devait mériter l'attention du Congrès, auquel je l'ai proposé comme une des questions d'études dont la huitième session, que nous avons résolu de célébrer à Paris, doit rédiger le programme.

Pour la néphrite et la jadéite, dont les indigènes

produits soumis à une cuisson complète, car les vases funéraires comme les plats, les figurines et tant d'autres objets fabriqués par ces potiers remarquables, devaient être cuits en plein air, entassés les uns sur les autres et le tout formant une espèce de pyramide dont les interstices étaient occupés par des bûches et la surface couverte de gros branchages. Le feu y était mis ensuite et la cuisson se faisait ainsi avec beaucoup de facilité et sans aucun autre frais. C'est de la sorte que les Indiens Tembés de la rivière du Capim, de même que les Indiens métis des bords du San Francisco dans la province d'Alagoas, cuisent leur poterie encore de nos jours. J'ai assisté à cette opération, que j'ai vu faire devant moi avec la plus remarquable simplicité.

américains ont fait leurs amulettes, il faut qu'on sache
tout d'abord que les objets en jadéite rencontrés jusqu'à présent en Amérique sont très rares, tandis que
ceux en néphrite y sont bien communs partout, depuis
la presqu'île d'Alaska jusqu'au delà de la vallée de
la Plata. Du reste, l'analyse spectrale appliquée au
microscope commence à dissiper la confusion qui
régnait dans les distinctions de ces silicates alumi-
neux, très rapprochés l'un de l'autre sous tous les rapports, et il en résultera probablement quelque restriction à ses distinctions. Quoi qu'il en soit, ce sont des
substances appartenant aussi bien à l'Amérique qu'à
l'ancien continent. Les objets qu'on en a fait de tout
temps chez la plupart des peuples américains n'ont donc
rien à voir avec des immigrations quelconques qui
auraient eu lieu dans le Nouveau Monde. Si, jusqu'à
présent, on n'y a pas trouvé les gisements de ces substances, cela est dû simplement à ce que ces silicates se
trouvent dans les filons de roches serpentines et que
ces filons, à peine mis à découvert par une cause quelconque, sont aussitôt décomposés ou désagrégés au
contact des pluies et des intempéries. Une fois ces
filons décomposés, les fragments de néphrite dont ils
sont la gangue, ont le sort des cailloux roulés. Déta-
chés de leur gisement, ils sont bientôt entraînés par

les eaux pluviales et les courants jusqu'au fond
des rivières où, comme en Chine et partout ailleurs
où ces substances existent, on les trouve plus tard
complètement roulés.

Après la clôture du Congrès, je me suis occupé
tout particulièrement d'établir des relations entre le
Muséum National et les établissements congénères des
différentes nations d'Europe. J'en ai visité déjà quelques-uns, j'en visiterai bien d'autres, et j'espère que
mon voyage pourra aider au progrès d'un établissement scientifique où se sont écoulées les vingt dernières années de ma vie, et dont la mission est d'étudier le premier les principales questions rattachées à
son but multiple.

Un des meilleurs services que je crois avoir rendu
à la science, c'est l'acquisition du fameux météorite,
connu aujourd'hui sous le nom de Bendejó, nom dû à
la dénomination africaine que des nègres marrons ont
donnée, il y a plus de deux siècles, à l'endroit où fut
rencontré ce sidérolithe. Il y avait longtemps que
Mornay et, après lui, le botaniste von Martius avaient
fait connaître au monde savant ce météorite, dont
quelques échantillons avaient été envoyés à des musées
européens. Mais, au Brésil, on en parlait à peine et à
Bahia on ne connaissait même plus exactement la loca-

lité où il se trouvait. En 1876, j'écrivais à M. Rocha
Dias, l'éminent directeur du chemin de fer Bahia-San-
Francisco, le priant de prendre des renseignements à
ce sujet, car le bureau de ses travaux se trouvait à une
vingtaine de lieues de Bendejó. Il envoya deux de ses
adjoints à cette localité et, deux mois après, je recevais,
avec des échantillons du météorite, des informations
prises sur la topographie des terrains environnants,
sur les frais de transport, etc. Je m'adressai alors à
M. le baron de Guahy, député de Bahia, qui me promit
de s'intéresser à la question du transport de ce précieux sidérolithe. Diverses circonstances retardèrent
la réalisation de ce projet. Plus tard, la Société de géographie de Rio-de-Janeiro prit en main cette cause.
Grâce à la bienveillance aussi empressée que puissante et précieuse de Son Altesse la princesse impériale, ainsi qu'à la générosité de M. le baron de Guahy,
cette société put effectuer le transport du météorite
de Bendejó, dont elle chargea M. José Carlos de Car-
valho qui, en employant l'activité et l'énergie intelli-
gente dont il est capable, s'en acquitta avec plein
succès. Ce météorite, qui se trouve aujourd'hui au
Muséum, pèse plus de 5000 kilogrammes, et on peut
en voir une reproduction dans la section du Brésil,
au Champ de Mars.

Le Muséum National vient de recevoir du gouvernement impérial une nouvelle organisation dont la base est, à quelques modifications près, la même que celle qui lui a été donnée par M. Thomaz Coelho en 1876.

En vérité ce n'est pas du règlement de cet établissement qu'une loi vraiment réformatrice aurait dû s'occuper, mais bien plus de lui accorder de l'espace et des moyens d'action efficaces, en l'affranchissant en même temps des exigences par trop restreintes de la bureaucratie officielle, car la nature d'un Muséum d'histoire naturelle n'a rien de commun avec l'organisation des administrations ordinaires de l'État, pas plus qu'un service parfait de mines ou de tout autre travail d'industrie extractive n'a rien de semblable avec celui d'un bureau de banque. La noble et franche voie que la princesse impériale, à jamais célèbre parmi les glorieux rédempteurs de l'humanité, vient d'ouvrir aux plus larges aspirations de sa patrie, ne peut laisser d'influer sur la prospérité des sciences au Brésil. Ce sera le complet développement des vues de son auguste père, et, pour nous autres, quelque peu découragés devant le manque d'initiative de nos administrateurs toujours absorbés par les luttes politiques de leurs cantons, ce sera l'aurore de nos aspirations ou bien plutôt l'accomplissement des vœux depuis longtemps formés par tous

les savants du globe, dont le regard ne cesse pas de se
tourner vers ce vaste et beau paradis tout en fleur, aux
bords duquel le grand Océan lui-même n'ose pas jeter
ses vagues en fureur, paradis dont un printemps éter-
nel fait éclore les plus belles fleurs et mûrir les plus
doux fruits de la terre.

FIN

TABLE DES MATIÈRES

CHAPITRE VI

COULOMMIERS. — Typ. P. BRODARD et GALLOIS.